考える力がつく！100マス計算

本書は、基礎計算を習熟する学習法として60年以上取り組まれてきた「100マス計算」に、「思考力」をきたえる算数パズル問題を組み合わせて考える力がつくようにしました。

単純な計算問題に留まらない問題を収録したので、たし算の100マス計算であってもひき算をすることが求められたり、時計を読むことを求められたりと、複数の算数的処理を行うことになります。そうすることで、脳の活性化をうながし、「考える力」がつくことを目指しました。

ただし、100マス計算は基礎計算の習熟法として作られたメソッドです。その100マス計算の本来の考え方から外れないよう、以下の決まりをもって制作いたしました。

① 「100マス計算」を必ず解く（または、それに準ずる）
② 基礎計算の延長にある、たしかめ算や筆算をする力を伸ばし、通常と同じかそれ以上の回数計算できる
③ 算数的思考が、いくつも起きる問題にする

本書を活用することで、基礎計算をもっとがんばりたい子から「考える力」をつけたい子まで、すべての子どもたちに算数をもっと好きになってもらえれば幸いです。

JN046153

★初級レベル

対象：「たし算・ひき算」ができる（小学校低学年～）

内容：数字や計算、時計などと親しむことで、算数的思考をし、授業でも役立つ楽しい問題を収録。

★中級レベル

対象：「たし算・ひき算・かけ算」ができる（小学校2年～）

内容：基礎計算をいくつか用いて、いろいろな算数的思考をし、少し考え方を変える必要がある問題も収録。

★上級レベル

対象：2けたの「たし算・ひき算・かけ算」ができる（小学校中・高学年～）

内容：答えが200までの2けたの計算を用いて、いくつかの算数的思考をし、解き方を考えることで、裏道があるような問題も収録。

（おまけとして、分数の問題も収録）

◎巻末に、各問題のヒントつき！

各ドリルの巻末には、問題を解くためのヒントがまとめられています。答えとは別に保管しておくとよいです。

100 マス計算のルール

① 1枚ずつはぎ取り、名前と日づけをかきます。

② 上に並んでいる「横の列」の数と、左右に並んでいる「たての列」の数を順に計算します。

（右ききの場合は左横の数字を、左ききの場合は右横の数字を見て計算しましょう）

右きき用 ↓ ＋、－、×の記号を見て、演算を決定しましょう。↓ 左きき用

＋	2	8	3	7	4	9	1	5	10	6	＋
2	4	10→						←12	8		2
7	[2+2]							[2+6]			7
4											4
9											9
5											5
1											1
8											8
3											3
6											6
10											10

1列目横からはじめて、そのまま横に進みます。

－	15	20	11	13	16	12	19	17	18	14	－
6	9	14→						←12	8		6
	[15-6]							[14-6]			

③ 1列目が終わったら、下の列も同じように計算していきます。

×	5	10	1	3	6	2	9	7	8	4	×
6	30	60→						←48	24		6
	[6×5]							[6×4]			

④ 全部計算できたら、答え合わせをしましょう。

（本書ではタイムの計測はせず、できたかどうかを重視します）

---

50 マス計算

つぎのマス計算をといて、「100 マス計算」のルールになれましょう。

マス計算のルールは、巻頭の2ページ目をかくにんしてください。

＋	3	8	1	5	10	2	9	6	4	7	＋
2	5										2
7											7
5											5
6											6
10											10

－	12	19	11	17	13	18	14	20	15	16	－
3	9										3
8											8
4											4
9											9
1											1

100 マス計算 ①

つぎのマス計算をといて、「100 マス計算」のルールになれましょう。

マス計算のルールは、巻頭の2ページ目をかくにんしてください。

+	3	8	1	5	10	2	9	6	4	7	+
5											5
2											2
7											7
1											1
9											9
3											3
6											6
4											4
8											8
10											10

100 マス計算 ②

つぎのマス計算をといて、「100 マス計算」のルールになれましょう。

マス計算のルールは、巻頭の2ページ目をかくにんしてください。

+	6	2	7	4	8	5	10	3	9	1	+
4											4
6											6
1											1
8											8
10											10
7											7
5											5
3											3
9											9
2											2

100マス計算 ③

つぎのマス計算をといて、
「100マス計算」のルールに
なれましょう。
　マス計算のルールは、巻頭の
2ページ目をかくにんして
ください。

－	20	14	18	12	17	13	19	11	16	15	－
2											2
6											6
5											5
1											1
9											9
3											3
7											7
10											10
8											8
4											4

100 マス計算 ④

つぎのマス計算をといて、
「100 マス計算」のルールに
なれましょう。
　マス計算のルールは、巻頭の
2 ページ目をかくにんして
ください。

－	11	18	13	19	12	15	17	20	14	16	－
5											5
10											10
9											9
3											3
6											6
1											1
8											8
2											2
7											7
4											4

ダウト 50 マス

この「100 マス計算」には、答えが書かれていますが、答えの数がまちがえているものをまぜています。

まちがえている答えを見つけて、その数字を〇でかこみましょう。

まちがいは全部で、10 こです。
（たし算とひき算にそれぞれに 10 こずつまちがいがあります）

+	4	1	9	3	7	2	6	5	10	8	+
5	9	6	15	8	12	7	11	10	15	14	5
2	6	3	11	5	9	4	9	7	13	10	2
8	12	9	17	11	16	10	14	13	18	17	8
4	8	6	13	8	11	6	10	9	14	12	4
3	8	4	12	6	10	6	9	8	13	11	3

−	14	11	19	13	17	12	16	15	20	18	−
5	8	6	14	8	12	7	10	10	15	13	5
2	12	8	16	11	15	10	14	13	18	16	2
8	6	3	11	5	9	3	8	7	12	9	8
4	10	7	15	8	13	8	12	11	15	14	4
3	11	7	16	10	14	9	12	12	17	15	3

ダウト 100 マス ①

この「100 マス計算」には、答えが書かれていますが、答えの数がまちがえているものをまぜています。

まちがえている答えを見つけて、その数字を〇でかこみましょう。

まちがいは全部で、10 こです。

+	5	3	8	1	7	2	4	9	10	6	+
4	9	7	12	5	11	6	9	13	14	10	4
6	11	10	14	7	13	8	10	15	16	12	6
1	6	4	9	3	8	3	5	10	11	7	1
9	14	12	17	10	16	12	13	18	19	15	9
3	8	6	11	4	10	5	7	12	14	9	3
7	12	10	15	8	15	9	11	16	17	13	7
10	15	13	19	11	17	12	14	19	20	16	10
2	8	5	10	3	9	4	6	11	12	8	2
8	13	11	16	9	15	10	12	17	18	15	8
5	10	8	13	6	12	7	9	15	15	11	5

月　日　名前

この「100マス計算」には、答えが書かれていますが、答えの数がまちがえているものをまぜています。

まちがえている答えを見つけて、その数字を〇でかこみましょう。

まちがいは全部で、10こです。

+	1	7	4	8	2	9	5	10	3	6	+
10	11	17	14	18	13	19	15	20	13	16	10
5	6	12	10	13	7	14	10	15	8	11	5
2	3	9	6	10	4	11	7	13	5	8	2
7	8	14	11	16	9	16	12	17	10	13	7
1	2	8	5	9	3	10	6	11	5	7	1
9	10	17	13	17	11	18	14	19	12	15	9
3	4	10	7	11	5	12	9	13	6	9	3
6	8	13	10	14	8	15	11	16	9	12	6
4	5	11	8	12	6	13	9	14	7	11	4
8	9	15	12	16	10	18	13	18	11	14	8

ダウト 100 マス ③

この「100マス計算」には、答えが書かれていますが、答えの数がまちがえているものをまぜています。

まちがえている答えを見つけて、その数字を〇でかこみましょう。

まちがいは全部で、10こです。

一	15	13	18	11	17	12	14	19	20	16	一
4	12	9	14	7	13	8	10	15	16	12	4
6	9	8	12	5	11	6	8	13	14	10	6
1	14	12	17	11	16	11	13	18	19	15	1
9	6	4	9	2	8	3	5	10	12	7	9
3	12	10	16	8	14	9	11	16	17	13	3
7	8	6	11	4	10	5	8	12	13	9	7
10	5	3	8	1	7	2	4	10	10	6	10
2	13	11	16	9	15	11	12	17	18	14	2
8	7	5	10	3	10	4	6	11	12	8	8
5	10	8	13	6	12	7	9	14	15	12	5

ダウト 100 マス ④

月　　日　　名前

この「100マス計算」には、答えが書かれていますが、答えの数がまちがえているものをまぜています。

まちがえている答えを見つけて、その数字を〇でかこみましょう。

まちがいは全部で、10 こです。

−	11	17	14	18	12	19	15	20	13	16	−
10	1	7	4	8	2	9	5	10	4	6	10
5	6	12	9	13	7	14	11	15	8	11	5
2	9	15	13	16	10	17	13	18	11	14	2
7	4	10	7	11	6	12	8	13	6	9	7
1	10	16	13	17	11	19	14	19	12	15	1
9	2	8	5	9	3	10	6	11	4	8	9
3	9	14	11	15	9	16	12	17	10	13	3
6	5	11	8	13	6	13	9	14	7	10	6
4	7	14	10	14	8	15	11	16	9	12	4
8	3	9	6	10	4	11	7	13	5	8	8

ミラー 50 マス

つぎの「100 マス計算（けいさん）」は、横（よこ）の列（れつ）のマスの数字（すうじ）がかがみ文字（もじ）になっています。

頭（あたま）の中（なか）で、正（ただ）しい数字（すうじ）にしながら計算（けいさん）をしましょう。

+	8	3	5	4	6	7	2	5	7	0	5	+
1	9											1
6												6
2												2
8												8
4												4

−	18	13	14	16	11	19	12	17	20	15	−
1	17										1
6											6
2											2
8											8
4											4

ミラー 100 マス ①

つぎの「100マス計算」は、
横の列のマスの数字がかがみ文字に
なっています。

頭の中で、正しい数字にしながら
計算をしましょう。

+	4	7	1	8	9	5	6	2	10	3	+
6											6
3											3
1											1
4											4
8											8
9											9
2											2
7											7
5											5
10											10

ミラー 100 マス ②

つぎの「100マス計算」は、横の列のマスの数字がかがみ文字になっています。

頭の中で、正しい数字にしながら計算をしましょう。

+	9	1	4	9	4	3	8	10	5	2	7	+
10												10
5												5
9												9
2												2
7												7
3												3
8												8
1												1
6												6
4												4

ミラー 100 マス ③

つぎの「100 マス計算」は、横の列のマスの数字がかがみ文字になっています。

頭の中で、正しい数字にしながら計算をしましょう。

一	11	16	13	17	20	14	19	12	18	15	一
4											4
8											8
10											10
3											3
6											6
9											9
1											1
7											7
2											2
5											5

ミラー 100 マス ④

　つぎの「100マス計算」は、横の列のマスの数字がかがみ文字になっています。

　頭の中で、正しい数字にしながら計算をしましょう。

－	19	14	16	11	11	18	13	20	15	17	12	－
3												3
7												7
1												1
10												10
9												9
4												4
5												5
2												2
6												6
8												8

アニマル 50 マス

この「100マス計算」の「たて」と「横」の列にはどうぶつがいて、数をかくしてしまっています。それぞれの列には1～10の数字が1回ずつ入ります。あてはまる数字を考えましょう。

同じどうぶつには、同じ数字が入ります。

＋	3	🦒	🐻	🐱	5	9	🐸	10	4	🐭	＋
🐻	4	7	2	8	6	10	3	11	5	9	🐻
🦒	9	12	7	13	11	15	8	16	10	14	🦒
🐱	10	13	8	14	12	16	9	17	11	15	🐱
🐸	5	8	3	9	7	11	4	12	6	10	🐸
🐭	11	14	9	15	13	17	10	18	12	16	🐭

－	1🐘	16	11	17	1🐕	1🐔	12	🐵	1🐷	18	－
🐕	8	11	6	12	10	14	7	5	9	13	🐕
🐷	9	12	7	13	11	15	8	6	10	14	🐷
🐘	10	13	8	14	12	16	9	7	11	15	🐘
🐔	4	7	2	8	6	10	3	1	5	9	🐔
🐵	3	6	1	7	5	9	2	0	4	8	🐵

🐕 (5)　🐸 ( )
🐱 ( )　🐻 ( )
🐵 ( )　🐘 ( )
🐔 ( )　🐭 ( )
🦒 ( )　🐷 ( )

アニマル100マス ①

　この「100マス計算」の「たて」と「横」の列にはどうぶつがいて、数をかくしてしまっています。それぞれの列には1〜10の数字が1回ずつ入ります。あてはまる数字を考えて下にかきましょう。

　同じどうぶつには、同じ数字が入ります。

　数字がかけたら、空いているマスも計算してかきましょう。

犬（　　）　　かえる（　　）

ねこ（　　）　　くま（　　）

さる（　　）　　ぞう（　　）

にわとり（　　）　　ねずみ（　　）

きりん（　　）　　ぶた（　　）

＋	🐔	🐕	🐁	🐻	🐵	🦒	🐈	🐖	🐸	🐘	＋
🐘					10			11		2	🐘
🐻	10		12		13		11	14			🐻
🐸			11		12		10	13			🐸
🐁	14	13	16	12	17	10	15	18	11		🐁
🐖	16	15	18	14	19	12	17	20	13	11	🐖
🐕	11	10	13		14		12	15			🐕
🐈	13	12	15	11	16		14	17	10		🐈
🐵	15	14	17	13	18	11	16	19	12	10	🐵
🐔	12	11	14	10	15		13	16			🐔
🦒			10		11			12			🦒

アニマル 100 マス ②

月　日　名前

　この「100マス計算」の「たて」と「横」の列には どうぶつがいて、数をかくして しまっています。それぞれの 列には1〜10の数字が 1回ずつ入ります。あてはまる 数字を考えましょう。

　同じどうぶつには、同じ数字が 入ります。

　数字がかけたら、空いている マスも計算してかきましょう。

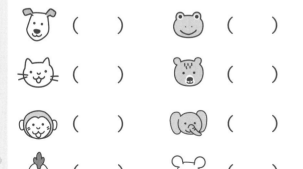

（いぬ）（　）　（かえる）（　）

（ねこ）（　）　（くま）（　）

（さる）（　）　（ぞう）（　）

（にわとり）（　）　（ねずみ）（　）

（きりん）（　）　（ぶた）（　）

+	🐔	🐕	🐭	🐻	🐵	🦒	🐱	🐷	🐸	🐘	+
🐘	17		13		15	11	16		12	14	🐘
🐻	13				11		12				🐻
🐸	15		11		13		14			12	🐸
🐭	16		12		14		15		11	13	🐭
🐷	12						11				🐷
🐕	11	2									🐕
🐱	19		15	12	17	13	18	11	14	16	🐱
🐵	18		14	11	16	12	17		13	15	🐵
🐔	20	11	16	13	18	14	19	12	15	17	🐔
🦒	14				12		13			11	🦒

アニマル100マス ③

月　　日　　名前

この「100マス計算」の「たて」と「横」の列にはどうぶつがいて、数をかくしてしまっています。それぞれの列には1〜10の数字が1回ずつ入ります。あてはまる数字を考えましょう。

同じどうぶつには、同じ数字が入ります。

数字がかけたら、空いているマスも計算してかきましょう。

 （　）　　 （　）

 （　）　　 （　）

 （　）　　 （　）

 （　）　　 （　）

 （　）　　 （　）

−	1🦒	1🐘	1🐻	1🐵	🐔	1🐷	1🐸	1🐱	1🐭	1🐶	−
🐭	13	18	11	16		12	17	14	10	15	🐭
🐘		10									🐘
🐔				0							🐔
🐸		11				10					🐸
🐻	12	17	10	15		11	16	13		14	🐻
🦒	10	15		13			14	11		12	🦒
🐷	11	16		14		10	15	12		13	🐷
🐱		14		12			13	10		11	🐱
🐶		13		11			12			10	🐶
🐵		12		10			11				🐵

アニマル100マス ④

この「100マス計算」の「たて」と「横」の列にはどうぶつがいて、数をかくしてしまっています。それぞれの列には1〜10の数字が1回ずつ入ります。あてはまる数字を考えましょう。

同じどうぶつには、同じ数字が入ります。

数字がかけたら、空いているマスも計算してかきましょう。

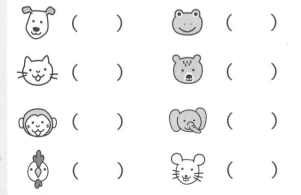

犬（　　　）　　　蛙（　　　）

猫（　　　）　　　熊（　　　）

猿（　　　）　　　象（　　　）

鶏（　　　）　　　鼠（　　　）

キリン（　　　）　　　豚（　　　）

一	1犬	1鶏	1コアラ	猫	1蛙	1熊	1猿	1鼠	1キリン	1豚	一
猫				0							猫
蛙							11				蛙
犬		11				13	14		12		犬
鶏						12	13		11		鶏
キリン						11	12				キリン
象	11	12				14	15		13		象
熊	12	13	11			15	16		14		熊
鼠	13	14	12			16	11	17	15		鼠
豚	14	15	13			17	12	18	11	16	豚
猿											猿

ブランク 50 マス

つぎの「100マス計算」は、横の列の数がぬけています。

今ある数字から、ぬけている数字を考えましょう。

横の列には、1〜10の数字が1回ずつ入ります。

ぬけている数字が書けたら、100マス計算をしましょう。

+	3										+
3	6	10									3
6			7	15							6
2					4	6					2
1							9	7			1
5									15	10	5

−											−
3									17	12	3
6							12	10			6
2					10	12					2
1			10	18							1
5	8	12									5

月　日　名前

つぎの「100 マス計算」は、
横の列の数がぬけています。
　今ある数字から、ぬけている
数字を考えましょう。
　横の列には、1 〜 10 の数字が
1 回ずつ入ります。
　ぬけている数字が書けたら、
100 マス計算をしましょう。

+											+
8	11										8
5		10									5
1			8								1
7				17							7
9					13						9
4						12					4
2							3				2
6								15			6
10									16		10
3										5	3

月　　日　　名前

つぎの「100 マス計算」は、横の列の数がぬけています。

今ある数字から、ぬけている数字を考えましょう。

横の列には、1 〜 10 の数字が1 回ずつ入ります。

ぬけている数字が書けたら、100 マス計算をしましょう。

+											+
7										14	7
3									4		3
8								12			8
4							13				4
2						4					2
9					14						9
10				16							10
1			4								1
5		15									5
6	14										6

ブランク 100 マス ③

　つぎの「100 マス計算」は、
横の列の数がぬけています。
　今ある数字から、ぬけている
数字を考えましょう。
　横の列には、1 ～ 10 の数字が
1 回ずつ入ります。
　ぬけている数字が書けたら、
100 マス計算をしましょう。

－											－
3	8										3
10		4									10
7			10								7
4				11							4
1					18						1
9						3					9
5							13				5
8								5			8
2									14		2
6										4	6

月　日　名前

つぎの「100マス計算」は、
横の列の数がぬけています。
　今ある数字から、ぬけている
数字を考えましょう。
　横の列には、1〜10の数字が
1回ずつ入ります。
　ぬけている数字が書けたら、
100マス計算をしましょう。

−											−
8										7	8
5									15		5
7								10			7
2							10				2
9						10					9
6					8						6
1				10							1
4			14								4
10		3									10
3	13										3

クロック 10 マス

つぎの「100 マス計算」は、横の列のマスの数字が時計になっています。

頭の中で、たての列の数だけ時間が変わると、何時になるか計算しましょう。

ただし、時計の時間を答えるので、答えは 1 ～ 12 の数しか使えません。

〔例〕

12（時）＋ 1（時間）＝ 13 時　　×
　　　　　　　　＝ 1 時　　○

3（時）－ 4（時間）＝できない　×
　　　　　　　　＝ 11 時　　○

＋						＋
1 時間	10 時	時	時	時	時	1 時間
5 時間	2 時	時	時	時	時	5 時間

―						―
2 時間	1 時	時	時	時	時	2 時間
4 時間	11 時	時	時	時	時	4 時間

クロック 30 マス ①

つぎの「100マス計算」は、横の列のマスの数字が時計になっています。

頭の中で、たての列の数だけ時間が変わると、何時になるか計算しましょう。

ただし、時計の時間を答えるので、答えは 1 ～ 12 の数しか使えません。

+						+
3 時間	時	時	時	時	時	3 時間
5 時間	時	時	時	時	時	5 時間
2 時間	時	時	時	時	時	2 時間
1 時間	時	時	時	時	時	1 時間
4 時間	時	時	時	時	時	4 時間
6 時間	時	時	時	時	時	6 時間

クロック 30 マス ②

つぎの「100 マス計算」は、横の列のマスの数字が時計になっています。

頭の中で、たての列の数だけ時間が変わると、何時になるか計算しましょう。

ただし、時計の時間を答えるので、答えは 1 ～ 12 の数しか使えません。

+	🕐	🕐	🕐	🕐	🕐	+
2 時間	時	時	時	時	時	2 時間
4 時間	時	時	時	時	時	4 時間
1 時間	時	時	時	時	時	1 時間
6 時間	時	時	時	時	時	6 時間
3 時間	時	時	時	時	時	3 時間
5 時間	時	時	時	時	時	5 時間

クロック 30 マス ③

つぎの「100 マス計算」は、横の列のマスの数字が時計になっています。

頭の中で、たての列の数だけ時間が変わると、何時になるか計算しましょう。

ただし、時計の時間を答えるので、答えは 1 ～ 12 の数しか使えません。

一	(clock)	(clock)	(clock)	(clock)	(clock)	一
3 時間	時	時	時	時	時	3 時間
6 時間	時	時	時	時	時	6 時間
2 時間	時	時	時	時	時	2 時間
4 時間	時	時	時	時	時	4 時間
1 時間	時	時	時	時	時	1 時間
5 時間	時	時	時	時	時	5 時間

クロック 30 マス ④

月　　日　　名前

つぎの「100 マス計算」は、横の列のマスの数字が時計になっています。

頭の中で、たての列の数だけ時間が変わると、何時になるか計算しましょう。

ただし、時計の時間を答えるので、答えは 1 ～ 12 の数しか使えません。

一	🕛	🕛	🕛	🕛	🕛	一
1 時間	時	時	時	時	時	1 時間
6 時間	時	時	時	時	時	6 時間
3 時間	時	時	時	時	時	3 時間
5 時間	時	時	時	時	時	5 時間
2 時間	時	時	時	時	時	2 時間
4 時間	時	時	時	時	時	4 時間

パズル 50 マス

つぎの「100マス計算」をときましょう。

答えのマスの数を見て、下のマスパズルがあてはまるところをその形にかこいましょう。

（あてはまらない場合もあります）

［マスパズル］

18	11
15	8

5	8
10	13

7	9
4	6

7	10
12	16

+	7	2	5	8	1	9	4	6	10	3	+
1	8										1
6											6
3											3
8											8
5											5

−	17	12	15	18	11	19	14	16	20	13	−
2	15										2
9											9
4											4
7											7
10											10

パズル 100 マス ①

つぎの「100 マス計算」を
ときましょう。

答えのマスの数を見て、下の
マスパズルがあてはまるところを
その形にかこいましょう。
（あてはまらない場合もあります）

[マスパズル]

```
        7                    18
    11  6               14  17
  4   8                 11  15


        13                   12
    18  15               13  16
  8  14                3    8
```

+	3	7	2	8	5	10	1	6	9	4	+
5											5
4											4
1											1
9											9
8											8
10											10
6											6
3											3
7											7
2											2

パズル 100 マス ②

つぎの「100 マス計算」を
ときましょう。
答えのマスの数を見て、下の
マスパズルがあてはまるところを
その形にかこいましょう。
（あてはまらない場合もあります）

〔マスパズル〕

20	16
	10
19	15

13	10
	3
11	8

11	5
	11
13	8

4	11
	18
5	12

+	1	8	5	2	9	3	7	10	6	4	+
3											3
10											10
4											4
9											9
2											2
7											7
5											5
8											8
1											1
6											6

パズル 100 マス ③

月　日　名前

つぎの「100マス計算」を
ときましょう。
　答えのマスの数を見て、下の
マスパズルがあてはまるところを
その形にかこいましょう。
（あてはまらない場合もあります）

〔マスパズル〕

```
      8
    9  14
  8  4

            12
          11  5
          12  15


      13
    10  6
  11  14

            6
          12  10
          14  9
```

−	18	13	11	16	19	15	12	17	20	14	−
8											8
3											3
7											7
2											2
9											9
5											5
1											1
4											4
10											10
6											6

パズル 100 マス ④

つぎの「100マス計算」をときましょう。

答えのマスの数を見て、下のマスパズルがあてはまるところをその形にかこいましょう。

（あてはまらない場合もあります）

［マスパズル］

4	6
	10

5	7

16	14
	8

14	12

8	15
	9

6	13

15	8
	4

14	7

−	15	11	18	12	14	20	13	19	17	16	−
2											2
8											8
4											4
7											7
1											1
3											3
9											9
5											5
10											10
6											6

スクリーン 50 マス

つぎの「100 マス計算」をときましょう。

　答えに書いた数でとなり合う数を 3 つたしたとき、一番大きくなる組み合わせと、一番小さくなる組み合わせを見つけて、線でかこいます。

　かこい方は、下のかこい方にしましょう。

〔かこい方〕

＋　…　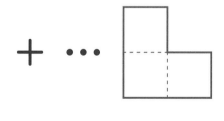

－　…　

＋	6	1	9	4	5	8	3	2	10	7	＋
3	9										3
5											5
7											7
1											1
6											6

－	16	11	19	14	15	18	13	12	20	17	－
10	6										10
6											6
2											2
9											9
4											4

スクリーン 100 マス ①

つぎの「100 マス計算」を
ときましょう。

答えに書いた数でとなり合う
数を3つたしたとき、一番大きく
なる組み合わせと、一番小さく
なる組み合わせを見つけて、線で
かこいます。

かこい方は、下のかこい方に
しましょう。

〔かこい方〕

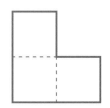

+	5	3	9	2	6	4	8	10	7	1	+
5											5
2											2
9											9
3											3
1											1
7											7
4											4
8											8
10											10
6											6

つぎの「100マス計算」を
ときましょう。

答えに書いた数でとなり合う
数を3つたしたとき、一番大きく
なる組み合わせと、一番小さく
なる組み合わせを見つけて、線で
かこいます。

かこい方は、下のかこい方に
しましょう。

〔かこい方〕

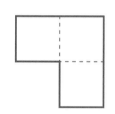

＋	8	1	10	9	4	2	7	3	5	6	＋
2											2
6											6
8											8
1											1
3											3
9											9
5											5
10											10
7											7
4											4

スクリーン 100 マス ③

つぎの「100 マス計算」を
ときましょう。
　答えに書いた数でとなり合う
数を 3 つたしたとき、一番大きく
なる組み合わせと、一番小さく
なる組み合わせを見つけて、線で
かこいます。
　かこい方は、下のかこい方に
しましょう。

〔かこい方〕

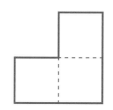

一	14	17	12	19	20	13	16	18	11	15	一
2											2
3											3
8											8
5											5
9											9
10											10
7											7
4											4
1											1
6											6

月　日　名前

つぎの「100 マス計算」を
ときましょう。

　答えに書いた数でとなり合う
数を 3 つたしたとき、一番大きく
なる組み合わせと、一番小さく
なる組み合わせを見つけて、線で
かこいます。

　かこい方は、下のかこい方に
しましょう。

〔かこい方〕

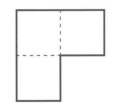

ー	12	13	19	11	17	20	18	16	15	14	ー
4											4
8											8
2											2
9											9
5											5
1											1
3											3
7											7
10											10
6											6

50 マス計算

+	3	8	1	5	10	2	9	6	4	7	+
2	5	10	3	7	12	4	11	8	6	9	2
7	10	15	8	12	17	9	16	13	11	14	7
5	8	13	6	10	15	7	14	11	9	12	5
6	9	14	7	11	16	8	15	12	10	13	6
10	13	18	11	15	20	12	19	16	14	17	10

−	12	19	11	17	13	18	14	20	15	16	−
3	9	16	8	14	10	15	11	17	12	13	3
8	4	11	3	9	5	10	6	12	7	8	8
4	8	15	7	13	9	14	10	16	11	12	4
9	3	10	2	8	4	9	5	11	6	7	9
1	11	18	10	16	12	17	13	19	14	15	1

100 マス計算 ②

+	6	2	7	4	8	5	10	3	9	1	+
4	10	6	11	8	12	9	14	7	13	5	4
6	12	8	13	10	14	11	16	9	15	7	6
1	7	3	8	5	9	6	11	4	10	2	1
8	14	10	15	12	16	13	18	11	17	9	8
10	16	12	17	14	18	15	20	13	19	11	10
7	13	9	14	11	15	12	17	10	16	8	7
5	11	7	12	9	13	10	15	8	14	6	5
3	9	5	10	7	11	8	13	6	12	4	3
9	15	11	16	13	17	14	19	12	18	10	9
2	8	4	9	6	10	7	12	5	11	3	2

100 マス計算 ①

+	3	8	1	5	10	2	9	6	4	7	+
5	8	13	6	10	15	7	14	11	9	12	5
2	5	10	3	7	12	4	11	8	6	9	2
7	10	15	8	12	17	9	16	13	11	14	7
1	4	9	2	6	11	3	10	7	5	8	1
9	12	17	10	14	19	11	18	15	13	16	9
3	6	11	4	8	13	5	12	9	7	10	3
6	9	14	7	11	16	8	15	12	10	13	6
4	7	12	5	9	14	6	13	10	8	11	4
8	11	16	9	13	18	10	17	14	12	15	8
10	13	18	11	15	20	12	19	16	14	17	10

100 マス計算 ③

−	20	14	18	12	17	13	19	11	16	15	−
2	18	12	16	10	15	11	17	9	14	13	2
6	14	8	12	6	11	7	13	5	10	9	6
5	15	9	13	7	12	8	14	6	11	10	5
1	19	13	17	11	16	12	18	10	15	14	1
9	11	5	9	3	8	4	10	2	7	6	9
3	17	11	15	9	14	10	16	8	13	12	3
7	13	7	11	5	10	6	12	4	9	8	7
10	10	4	8	2	7	3	9	1	6	5	10
8	12	6	10	4	9	5	11	3	8	7	8
4	16	10	14	8	13	9	15	7	12	11	4

100 マス計算 ④

−	11	18	13	19	12	15	17	20	14	16	−
5	6	13	8	14	7	10	12	15	9	11	5
10	1	8	3	9	2	5	7	10	4	6	10
9	2	9	4	10	3	6	8	11	5	7	9
3	8	15	10	16	9	12	14	17	11	13	3
6	5	12	7	13	6	9	11	14	8	10	6
1	10	17	12	18	11	14	16	19	13	15	1
8	3	10	5	11	4	7	9	12	6	8	8
2	9	16	11	17	10	13	15	18	12	14	2
7	4	11	6	12	5	8	10	13	7	9	7
4	7	14	9	15	8	11	13	16	10	12	4

ダウト 100 マス ①

+	5	3	8	1	7	2	4	9	10	6	+	
4	9	7	12	5	11	6	(9)	13	14	10	4	9→8
6	11	(10)	14	7	13	8	10	15	16	12	6	10→9
1	6	4	9	(3)	8	3	5	10	11	7	1	3→2
9	14	12	17	10	16	(12)	13	18	19	15	9	12→11
3	8	6	11	4	10	5	7	12	(14)	9	3	14→13
7	12	10	15	8	(15)	9	11	16	17	13	7	15→14
10	15	13	(19)	11	17	12	14	19	20	16	10	19→18
2	(8)	5	10	3	9	4	6	11	12	8	2	8→7
8	13	11	16	9	15	10	12	17	18	(15)	8	15→14
5	10	8	13	6	12	7	9	(15)	15	11	5	15→14

ダウト 50 マス

+	4	1	9	3	7	2	6	5	10	8	+		
5	9	6	(15)	8	12	7	11	10	15	(14)	5	15→14	14→13
2	6	3	11	5	9	4	(9)	7	13	10	2	9→8	13→12
8	12	9	17	11	(16)	10	14	13	18	(17)	8	16→15	17→16
4	8	(6)	13	(8)	11	6	10	9	14	12	4	6→5	8→7
3	(8)	4	12	6	10	(6)	9	8	13	11	3	8→7	6→5

−	14	11	19	13	17	12	16	15	20	18	−		
5	(8)	6	14	8	12	7	(10)	10	15	13	5	8→9	10→11
2	12	(8)	(16)	11	15	10	14	13	18	16	2	8→9	16→17
8	6	3	11	5	9	(3)	8	7	12	(9)	8	3→4	9→10
4	10	7	15	(8)	13	8	12	11	(15)	14	4	8→9	15→16
3	11	(7)	16	10	14	9	(12)	12	17	15	3	7→8	12→13

ダウト 100 マス ②

+	1	7	4	8	2	9	5	10	3	6	+	
10	11	17	14	18	(13)	19	15	20	13	16	10	13→12
5	6	12	(10)	13	7	14	10	15	8	11	5	10→9
2	3	9	6	10	4	11	7	(13)	5	8	2	13→12
7	8	14	11	(16)	9	16	12	17	10	13	7	16→15
1	2	8	5	9	3	10	6	11	(5)	7	1	5→4
9	10	(17)	13	17	11	18	14	19	12	15	9	17→16
3	4	10	7	11	5	12	(9)	13	6	9	3	9→8
6	(8)	13	10	14	8	15	11	16	9	12	6	8→7
4	5	11	8	12	6	13	9	14	7	(11)	4	11→10
8	9	15	12	16	10	(18)	13	18	11	14	8	18→17

ダウト 100 マス ③

−	15	13	18	11	17	12	14	19	20	16	−	
4	(12)	9	14	7	13	8	10	15	16	12	4	12→11
6	9	(8)	12	5	11	6	8	13	14	10	6	8→7
1	14	12	17	(11)	16	11	13	18	19	15	1	11→10
9	6	4	9	2	8	3	5	10	(12)	7	9	12→11
3	12	10	(16)	8	14	9	11	16	17	13	3	16→15
7	8	6	11	4	10	5	(8)	12	13	9	7	8→7
10	5	3	8	1	7	2	4	(10)	10	6	10	10→9
2	13	11	16	9	15	(11)	12	17	18	14	2	11→10
8	7	5	10	3	(10)	4	6	11	12	8	8	10→9
5	10	8	13	6	12	7	9	14	15	(12)	5	12→11

ミラー 50 マス

+	8	3	4	6	1	9	2	7	10	5	+
1	9	4	5	7	2	10	3	8	11	6	1
6	14	9	10	12	7	15	8	13	16	11	6
2	10	5	6	8	3	11	4	9	12	7	2
8	16	11	12	14	9	17	10	15	18	13	8
4	12	7	8	10	5	13	6	11	14	9	4

−	18	13	14	16	11	19	12	17	20	15	−
1	17	12	13	15	10	18	11	16	19	14	1
6	12	7	8	10	5	13	6	11	14	9	6
2	16	11	12	14	9	17	10	15	18	13	2
8	10	5	6	8	3	11	4	9	12	7	8
4	14	9	10	12	7	15	8	13	16	11	4

ダウト 100 マス ④

−	11	17	14	18	12	19	15	20	13	16	−	
10	1	7	4	8	2	9	5	10	(4)	6	10	4→3
5	6	12	9	13	7	14	(11)	15	8	11	5	11→10
2	9	15	(13)	16	10	17	13	18	11	14	2	13→12
7	4	10	7	11	(6)	12	8	13	6	9	7	6→5
1	10	16	13	17	11	(19)	14	19	12	15	1	19→18
9	2	8	5	9	3	10	6	11	4	(8)	9	8→7
3	(9)	14	11	15	9	16	12	17	10	13	3	9→8
6	5	11	8	(13)	6	13	9	14	7	10	6	13→12
4	7	(14)	10	14	8	15	11	16	9	12	4	14→13
8	3	9	6	10	4	11	7	(13)	5	8	8	13→12

ミラー 100 マス ①

+	4	7	1	8	9	5	6	2	10	3	+
6	10	13	7	14	15	11	12	8	16	9	6
3	7	10	4	11	12	8	9	5	13	6	3
1	5	8	2	9	10	6	7	3	11	4	1
4	8	11	5	12	13	9	10	6	14	7	4
8	12	15	9	16	17	13	14	10	18	11	8
9	13	16	10	17	18	14	15	11	19	12	9
2	6	9	3	10	11	7	8	4	12	5	2
7	11	14	8	15	16	12	13	9	17	10	7
5	9	12	6	13	14	10	11	7	15	8	5
10	14	17	11	18	19	15	16	12	20	13	10

ミラー 100 マス ②

+	6	1	9	4	3	8	10	5	2	7	+
10	16	11	19	14	13	18	20	15	12	17	10
5	11	6	14	9	8	13	15	10	7	12	5
9	15	10	18	13	12	17	19	14	11	16	9
2	8	3	11	6	5	10	12	7	4	9	2
7	13	8	16	11	10	15	17	12	9	14	7
3	9	4	12	7	6	11	13	8	5	10	3
8	14	9	17	12	11	16	18	13	10	15	8
1	7	2	10	5	4	9	11	6	3	8	1
6	12	7	15	10	9	14	16	11	8	13	6
4	10	5	13	8	7	12	14	9	6	11	4

ミラー 100 マス ④

−	12	17	15	20	13	18	11	16	14	19	−
3	9	14	12	17	10	15	8	13	11	16	3
7	5	10	8	13	6	11	4	9	7	12	7
1	11	16	14	19	12	17	10	15	13	18	1
10	2	7	5	10	3	8	1	6	4	9	10
9	3	8	6	11	4	9	2	7	5	10	9
4	8	13	11	16	9	14	7	12	10	15	4
5	7	12	10	15	8	13	6	11	9	14	5
2	10	15	13	18	11	16	9	14	12	17	2
6	6	11	9	14	7	12	5	10	8	13	6
8	4	9	7	12	5	10	3	8	6	11	8

ミラー 100 マス ③

−	15	18	12	19	14	20	17	13	16	11	−
4	11	14	8	15	10	16	13	9	12	7	4
8	7	10	4	11	6	12	9	5	8	3	8
10	5	8	2	9	4	10	7	3	6	1	10
3	12	15	9	16	11	17	14	10	13	8	3
6	9	12	6	13	8	14	11	7	10	5	6
9	6	9	3	10	5	11	8	4	7	2	9
1	14	17	11	18	13	19	16	12	15	10	1
7	8	11	5	12	7	13	10	6	9	4	7
2	13	16	10	17	12	18	15	11	14	9	2
5	10	13	7	14	9	15	12	8	11	6	5

アニマル 50 マス

+	3	🦒	🐱	5	9	🐸	10	4	🐁	+
🐻	4	7	2	8	6	13	3	11	5	9	🐻
🦒	9	12	7	13	11	18	8	16	10	14	🦒
🐱	10	13	8	14	12	19	9	17	11	15	🐱
🐸	5	8	3	9	7	14	4	12	6	10	🐸
🐁	11	14	9	15	13	20	10	18	12	16	🐁

−	🐶	16	11	17	🐓	12	🐵	🐻	18	−
🐱	8	11	6	12	10	14	5	9	13	🐱
🐶	9	12	7	13	11	15	6	10	14	🐶
🐷	10	13	8	14	12	16	7	11	15	🐷
🐓	4	7	2	8	6	10	1	5	9	🐓
🦒	3	6	1	7	5	9	2	0	4	8	🦒

 🐶 （5）　　🐸 （2）

 🐱 （7）　　🐻 （1）

 🐵 （10）　🐘 （3）

 🐓 （9）　　🐁 （8）

 🦒 （6）　　🐷 （4）

アニマル 100 マス ①

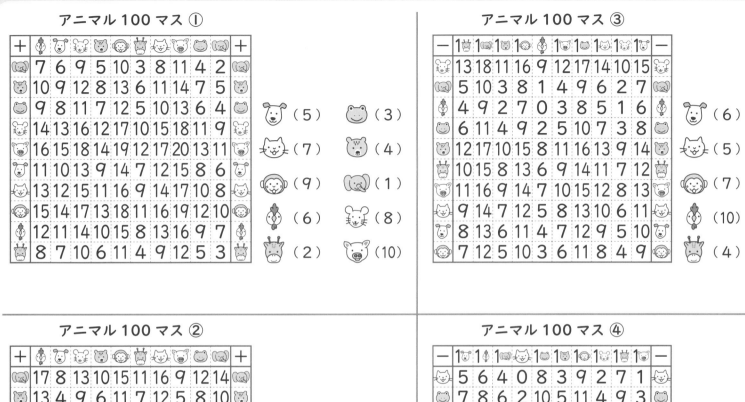

アニマル 100 マス ③

アニマル 100 マス ②

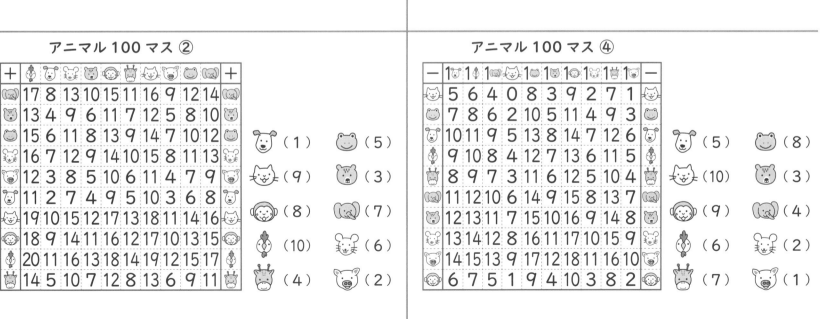

アニマル 100 マス ④

ブランク 50 マス

+	3	7	1	9	2	4	8	6	10	5	+
3	6	10	4	12	5	7	11	9	13	8	3
6	9	13	7	15	8	10	14	12	16	11	6
2	5	9	3	11	4	6	10	8	12	7	2
1	4	8	2	10	3	5	9	7	11	6	1
5	8	12	6	14	7	9	13	11	15	10	5

−	13	17	11	19	12	14	18	16	20	15	−
3	10	14	8	16	9	11	15	13	17	12	3
6	7	11	5	13	6	8	12	10	14	9	6
2	11	15	9	17	10	12	16	14	18	13	2
1	12	16	10	18	11	13	17	15	19	14	1
5	8	12	6	14	7	9	13	11	15	10	5

ブランク 100 マス ②

+	8	10	3	6	5	2	9	4	1	7	+
7	15	17	10	13	12	9	16	11	8	14	7
3	11	13	6	9	8	5	12	7	4	10	3
8	16	18	11	14	13	10	17	12	9	15	8
4	12	14	7	10	9	6	13	8	5	11	4
2	10	12	5	8	7	4	11	6	3	9	2
9	17	19	12	15	14	11	18	13	10	16	9
10	18	20	13	16	15	12	19	14	11	17	10
1	9	11	4	7	6	3	10	5	2	8	1
5	13	15	8	11	10	7	14	9	6	12	5
6	14	16	9	12	11	8	15	10	7	13	6

ブランク 100 マス ①

+	3	5	7	10	4	8	1	9	6	2	+
8	11	13	15	18	12	16	9	17	14	10	8
5	8	10	12	15	9	13	6	14	11	7	5
1	4	6	8	11	5	9	2	10	7	3	1
7	10	12	14	17	11	15	8	16	13	9	7
9	12	14	16	19	13	17	10	18	15	11	9
4	7	9	11	14	8	12	5	13	10	6	4
2	5	7	9	12	6	10	3	11	8	4	2
6	9	11	13	16	10	14	7	15	12	8	6
10	13	15	17	20	14	18	11	19	16	12	10
3	6	8	10	13	7	11	4	12	9	5	3

ブランク 100 マス ③

−	11	14	17	15	19	12	18	13	16	10	−
3	8	11	14	12	16	9	15	10	13	7	3
10	1	4	7	5	9	2	8	3	6	0	10
7	4	7	10	8	12	5	11	6	9	3	7
4	7	10	13	11	15	8	14	9	12	6	4
1	10	13	16	14	18	11	17	12	15	9	1
9	2	5	8	6	10	3	9	4	7	1	9
5	6	9	12	10	14	7	13	8	11	5	5
8	3	6	9	7	11	4	10	5	8	2	8
2	9	12	15	13	17	10	16	11	14	8	2
6	5	8	11	9	13	6	12	7	10	4	6

ブランク 100 マス ④

−	16	13	18	11	14	19	12	17	20	15	−
8	8	5	10	3	6	11	4	9	12	7	8
5	11	8	13	6	9	14	7	12	15	10	5
7	9	6	11	4	7	12	5	10	13	8	7
2	14	11	16	9	12	17	10	15	18	13	2
9	7	4	9	2	5	10	3	8	11	6	9
6	10	7	12	5	8	13	6	11	14	9	6
1	15	12	17	10	13	18	11	16	19	14	1
4	12	9	14	7	10	15	8	13	16	11	4
10	6	3	8	1	4	9	2	7	10	5	10
3	13	10	15	8	11	16	9	14	17	12	3

クロック 30 マス ①

+	🕐	🕐	🕐	🕐	🕐	+
3 時間	9 時	6 時	11 時	4 時	1 時	3 時間
5 時間	11 時	8 時	1 時	6 時	3 時	5 時間
2 時間	8 時	5 時	10 時	3 時	12 時	2 時間
1 時間	7 時	4 時	9 時	2 時	11 時	1 時間
4 時間	10 時	7 時	12 時	5 時	2 時	4 時間
6 時間	12 時	9 時	2 時	7 時	4 時	6 時間

クロック 10 マス

+	🕐	🕐	🕐	🕐	🕐	+
1 時間	10 時	7 時	3 時	9 時	5 時	1 時間
5 時間	2 時	11 時	7 時	1 時	9 時	5 時間

−	🕐	🕐	🕐	🕐	🕐	−
2 時間	1 時	4 時	12 時	6 時	2 時	2 時間
4 時間	11 時	2 時	10 時	4 時	12 時	4 時間

クロック 30 マス ②

+	🕐	🕐	🕐	🕐	🕐	+
2 時間	6 時	9 時	4 時	11 時	8 時	2 時間
4 時間	8 時	11 時	6 時	1 時	10 時	4 時間
1 時間	5 時	8 時	3 時	10 時	7 時	1 時間
6 時間	10 時	1 時	8 時	3 時	12 時	6 時間
3 時間	7 時	10 時	5 時	12 時	9 時	3 時間
5 時間	9 時	12 時	7 時	2 時	11 時	5 時間

クロック 30 マス ③

−	🕐	🕐	🕐	🕐	🕐	−
3 時間	12	6	3	11	2	3 時間
6 時間	9	3	12	8	11	6 時間
2 時間	1	7	4	12	3	2 時間
4 時間	11	5	2	10	1	4 時間
1 時間	2	8	5	1	4	1 時間
5 時間	10	4	1	9	12	5 時間

クロック 30 マス ④

−	🕐	🕐	🕐	🕐	🕐	−
1 時間	11	3	10	12	7	1 時間
6 時間	6	10	5	7	2	6 時間
3 時間	9	1	8	10	5	3 時間
5 時間	7	11	6	8	3	5 時間
2 時間	10	2	9	11	6	2 時間
4 時間	8	12	7	9	4	4 時間

パズル 50 マス

+	7	2	5	8	1	9	4	6	10	3	+
1	8	3	6	9	2	10	5	7	11	4	1
6	13	8	11	14	7	15	10	12	16	9	6
3	10	5	8	11	4	12	7	9	13	6	3
8	15	10	13	16	9	17	12	14	18	11	8
5	12	7	10	13	6	14	9	11	15	8	5

−	17	12	15	18	11	19	14	16	20	13	−
2	15	10	13	16	9	17	12	14	18	11	2
9	8	3	6	9	2	10	5	7	11	4	9
4	13	8	11	14	7	15	10	12	16	9	4
7	10	5	8	11	4	12	7	9	13	6	7
10	7	2	5	8	1	9	4	6	10	3	10

パズル 100 マス ①

+	3	7	2	8	5	10	1	6	9	4	+
5	8	12	7	13	10	15	6	11	14	9	5
4	7	11	6	12	9	14	5	10	13	8	4
1	4	8	3	9	6	11	2	7	10	5	1
9	12	16	11	17	14	19	10	15	18	13	9
8	11	15	10	16	13	18	9	14	17	12	8
10	13	17	12	18	15	20	11	16	19	14	10
6	9	13	8	14	11	16	7	12	15	10	6
3	6	10	5	11	8	13	4	9	12	7	3
7	10	14	9	15	12	17	8	13	16	11	7
2	5	9	4	10	7	12	3	8	11	6	2

パズル 100 マス ②

+	1	8	5	2	9	3	7	10	6	4	+
3	4	11	8	5	12	6	10	13	9	7	3
10	11	18	15	12	19	13	17	20	16	14	10
4	5	12	9	6	13	7	11	14	10	8	4
9	10	17	14	11	18	12	16	19	15	13	9
2	3	10	7	4	11	5	9	12	8	6	2
7	8	15	12	9	16	10	14	17	13	11	7
5	6	13	10	7	14	8	12	15	11	9	5
8	9	16	13	10	17	11	15	18	14	12	8
1	2	9	6	3	10	4	8	11	7	5	1
6	7	14	11	8	15	9	13	16	12	10	6

パズル 100 マス ④

−	15	11	18	12	14	20	13	19	17	16	−
2	13	9	16	10	12	18	11	17	15	14	2
8	7	3	10	4	6	12	5	11	9	8	8
4	11	7	14	8	10	16	9	15	13	12	4
7	8	4	11	5	7	13	6	12	10	9	7
1	14	10	17	11	13	19	12	18	16	15	1
3	12	8	15	9	11	17	10	16	14	13	3
9	6	2	9	3	5	11	4	10	8	7	9
5	10	6	13	7	9	15	8	14	12	11	5
10	5	1	8	2	4	10	3	9	7	6	10
6	9	5	12	6	8	14	7	13	11	10	6

パズル 100 マス ③

−	18	13	11	16	19	15	12	17	20	14	−
8	10	5	3	8	11	7	4	9	12	6	8
3	15	10	8	13	16	12	9	14	17	11	3
7	11	6	4	9	12	8	5	10	13	7	7
2	16	11	9	14	17	13	10	15	18	12	2
9	9	4	2	7	10	6	3	8	11	5	9
5	13	8	6	11	14	10	7	12	15	9	5
1	17	12	10	15	18	14	11	16	19	13	1
4	14	9	7	12	15	11	8	13	16	10	4
10	8	3	1	6	9	5	2	7	10	4	10
6	12	7	5	10	13	9	6	11	14	8	6

スクリーン 50 マス

+	6	1	9	4	5	8	3	2	10	7	+
3	9	4	12	7	8	11	6	5	13	10	3
5	11	6	14	9	10	13	8	7	15	12	5
7	13	8	16	11	12	15	10	9	17	14	7
1	7	2	10	5	6	9	4	3	11	8	1
6	12	7	15	10	11	14	9	8	16	13	6

〔一番大きい数〕
15 + 17 + 14 = 46

〔一番小さい数〕
10 + 4 + 3 = 17

−	16	11	19	14	15	18	13	12	20	17	−
10	6	1	9	4	5	8	3	2	10	7	10
6	10	5	13	8	9	12	7	6	14	11	6
2	14	9	17	12	13	16	11	10	18	15	2
9	7	2	10	5	6	9	4	3	11	8	9
4	12	7	15	10	11	14	9	8	16	13	4

〔一番大きい数〕
18 + 15 + 8 = 41

〔一番小さい数〕
3 + 2 + 6 = 11

スクリーン 100 マス ①

+	5	3	9	2	6	4	8	10	7	1	+
5	10	8	14	7	11	9	13	15	12	6	5
2	7	5	11	4	8	6	10	12	9	3	2
9	14	12	18	11	15	13	17	19	16	10	9
3	8	6	12	5	9	7	11	13	10	4	3
1	6	4	10	3	7	5	9	11	8	2	1
7	12	10	16	9	13	11	15	17	14	8	7
4	9	7	13	6	10	8	12	14	11	5	4
8	13	11	17	10	14	12	16	18	15	9	8
10	15	13	19	12	16	14	18	20	17	11	10
6	11	9	15	8	12	10	14	16	13	7	6

〔一番大きい数〕

$18 + 20 + 17 = 55$

〔一番小さい数〕

$5 + 3 + 7 = 15$

スクリーン 100 マス ③

−	14	17	12	19	20	13	16	18	11	15	−
2	12	15	10	17	18	11	14	16	9	13	2
3	11	14	9	16	17	10	13	15	8	12	3
8	6	9	4	11	12	5	8	10	3	7	8
5	9	12	7	14	15	8	11	13	6	10	5
9	5	8	3	10	11	4	7	9	2	6	9
10	4	7	2	9	10	3	6	8	1	5	10
7	7	10	5	12	13	6	9	11	4	8	7
4	10	13	8	15	16	9	12	14	7	11	4
1	13	16	11	18	19	12	15	17	10	14	1
6	8	11	6	13	14	7	10	12	5	9	6

〔一番大きい数〕

$16 + 18 + 19 = 53$

〔一番小さい数〕

$2 + 8 + 1 = 11$

スクリーン 100 マス ②

+	8	1	10	9	4	2	7	3	5	6	+
2	10	3	12	11	6	4	9	5	7	8	2
6	14	7	16	15	10	8	13	9	11	12	6
8	16	9	18	17	12	10	15	11	13	14	8
1	9	2	11	10	5	3	8	4	6	7	1
3	11	4	13	12	7	5	10	6	8	9	3
9	17	10	19	18	13	11	16	12	14	15	9
5	13	6	15	14	9	7	12	8	10	11	5
10	18	11	20	19	14	12	17	13	15	16	10
7	15	8	17	16	11	9	14	10	12	13	7
4	12	5	14	13	8	6	11	7	9	10	4

〔一番大きい数〕

$20 + 19 + 16 = 55$

〔一番小さい数〕

$5 + 3 + 5 = 13$

スクリーン 100 マス ④

−	12	13	19	11	17	20	18	16	15	14	−
4	8	9	15	7	13	16	14	12	11	10	4
8	4	5	11	3	9	12	10	8	7	6	8
2	10	11	17	9	15	18	16	14	13	12	2
9	3	4	10	2	8	11	9	7	6	5	9
5	7	8	14	6	12	15	13	11	10	9	5
1	11	12	18	10	16	19	17	15	14	13	1
3	9	10	16	8	14	17	15	13	12	11	3
7	5	6	12	4	10	13	11	9	8	7	7
10	2	3	9	1	7	10	8	6	5	4	10
6	6	7	13	5	11	14	12	10	9	8	6

〔一番大きい数〕

$19 + 17 + 17 = 53$

〔一番小さい数〕

$2 + 3 + 6 = 11$

【100マス計算　ヒント】

「100マス計算」は、たての列の数と横の列の数を交差するマスに計算してかいていく学習法です。

★共通
・左右のたての列の数は1マス計算するたびに見るのではなく、新しい列を計算する初めのときだけ見るようにする

★たし算
・10以上の数にくり上がる計算は、どちらかの数を分解し、10のかたまりを作る
（例）7＋6＝13 では、①と②の方法
① 6は3と3に分解、7＋3＝10
② 7は4と3に分解、6＋4＝10
　→残りの3と10をたして、13

★ひき算
・10以下の数にくり下がる計算では、ひく数にたすと10になる数とひかれる数の一の位をたす
（例）13－6＝7 では、
　6にたすと10になる数は、4
　→13の一の位の3と4をたすと、7

【ダウト100マス　ヒント】

マスに答えが書かれてあるけれども、まちがいがまぜられている100マス計算。ただの計算力だけでなく、たしかめ算をする力、数字をよく見て答え合わせをする力がつく。

★共通
・まちがいを見つける方法として、いくつかのパターンが考えられる
① 100マス方式
いつも通りの100マス計算として計算し、答えがちがうところをさがす

② たしかめ算方式
答えのマスにかかれてある数と、左右にならぶたての列の数を計算し、横の列の数にならない数をさがす
（上記の逆の横の列の数との計算もあり）

③ まちがえ見つけ方式
同じ列に同じ数がないか、などでさがす
（ただし、同じ数がなくともまちがいがある可能性がある）

など。

【ミラー100マス　ヒント】

横の列の数が左右反転したかがみ文字になっている100マス計算。文字認知の力や図形認知の力がきたえられる。

★共通
・どうしても苦手な場合は、かがみ文字になっている数字の上に、正しい数を書く
（ただし、計算するときは正しい数だけでなく、かがみ文字も見てなれること）
・ここではたし算は1～10、ひき算は11～20が入ると決まっているので、それを意識して見る

【アニマル 100 マス　ヒント】

たてと横の列の数をどうぶつがかくしてしまっている 100 マス計算。100 マス計算のルールをさらに理解でき、かくれた数字を思考する力がきたえられる。

★ 共 通①
・あたえられた数からわかることを考える
・たしかめ算を活用する
・たてと横の列で同じどうぶつが交差する場所は、同じ数を計算している
（数によっては、いくつかの計算式が考えられる場合があるので注意）

★たし算
・2 は、1＋1。20 は、10＋10 のみ
・18 は、10＋8、9＋9 が考えられるが、同じどうぶつだと、9＋9 だとわかる

★ひき算
・0 は、10－10。18 は、19－1 のみ

★ 共 通②
・実は 10 がわかった時点で、その列の答えの数をたしかめ算すれば、ほぼすべての数がわかる

【ブランク 100 マス　ヒント】

横の列の数がぬけており、10 このマスにだけ答えが書かれてある 100 マス計算。100 マス計算のルールから、あてはまる残りの数字を思考し、たしかめ算をする力がきたえられる。

★ 共 通
・あたえられた数からわかることを考える
・たしかめ算を活用する
　たし算であれば、ひき算で考える
　ひき算であれば、たし算で考える

【クロック 30 マス　ヒント】

横の列の数が数字ではなく、時計になっている 100 マス計算。時計のはりの動きや数字の移り変わりなどがわかり、時計を読む力もきたえられる。

★ 共 通
・左右にならぶたての列の数を見てから、各列の時計の短いはりがどう動くかを考える
・計算したあと、時計のめもりを数えてかくにんする

★たし算
・12 時から 1 時間たつと、13 時という書き方もあるが、ここでは時計のはりがさす時間を書くので、1 時とする

★ひき算
・5 時から 6 時間さかのぼると、11 時になる
（通常 5－6 は計算できないが、時間としてなら計算できることがわかる）

【パズル 100 マス　ヒント】

　答えの数が書かれたマスパズルにあう場所を、答えからさがす 100 マス計算。答えをまちがえるとパズルが合わないので、計算力が求められ、同じ数字のならびをさがす集中力も求められます。（自分の書いた答えを見ることになるので、字をキレイに書くことにもつながります）

★共通

・パズルにある大きい数や小さい数などに注目してさがす

・1 つしかないような数があれば、それに注目してさがす

　たし算であれば 2 や 20。

【スクリーン 100 マス　ヒント】

　求められたかこい方でいくつかのマスをかこい、その数を合計した数が一番大きくなる数と一番小さくなる数をさがす 100 マス計算。たしかな計算力と、2 けたのたし算をする力が求められます。

★一番大きい数

・まずは、たての列と横の列の数を見て答えに書いたなるべく大きい数に注目する

・ただし、かこい方が決まっているので、答えの中で一番大きい数をふくむとは限らない

★一番小さい数

・まずは、たての列と横の列の数を見て答えに書いたなるべく小さい数に注目する

・ただし、かこい方が決まっているので、答えの中で一番小さい数をふくむとは限らない

★共通

・これだと思う組み合わせを見つけても、周りを何度も見直す。さらにふさわしい数になる組み合わせがないかをさがす

考える力がつく！ 100マス計算 初級

2022年1月30日　初版発行

著　者　フォーラム・Ａ編集部

発行者　面　屋　尚　志

企　画　清　風　堂　書　店

発行所　フ　ォ　ー　ラ　ム・Ａ

〒530-0056　大阪市北区兎我野町15-13
電話（06）6365-5606
FAX（06）6365-5607
振替　00970-3-127184
http://www.foruma.co.jp/

制作編集担当・田邉光喜

表紙デザイン・ウエナカデザイン事務所
印刷・製本・㈱光邦